U0376330

孩子超喜欢看的
趣味科学馆

AIRCRAFT
飞机

韩雨江 孙 铭 徐 波◎主编

吉林科学技术出版社

图书在版编目（CIP）数据

飞机 / 韩雨江, 孙铭, 徐波主编. -- 长春 : 吉林
科学技术出版社, 2024.4
（孩子超喜欢看的趣味科学馆 / 韩雨江主编）
ISBN 978-7-5744-1066-4

Ⅰ.①飞… Ⅱ.①韩… ②孙… ③徐… Ⅲ.①飞机—
儿童读物 Ⅳ.①V271-49

中国国家版本馆CIP数据核字(2024)第046731号

孩子超喜欢看的趣味科学馆　飞机

HAIZI CHAO XIHUAN KAN DE QUWEI KEXUEGUAN　FEIJI

主　　编	韩雨江　孙　铭　徐　波
出 版 人	宛　霞
责任编辑	徐海韬
助理编辑	宿迪超　周　禹　郭劲松
制　　版	长春美印图文设计有限公司
封面设计	长春美印图文设计有限公司
幅面尺寸	167 mm × 235 mm
开　　本	16
字　　数	250千字
印　　张	5
印　　数	1-5 000册
版　　次	2024年4月第1版
印　　次	2024年4月第1次印刷

出　　版	吉林科学技术出版社
发　　行	吉林科学技术出版社
地　　址	长春市福祉大路5788号出版集团A座
邮　　编	130118
发行部电话/传真	0431-81629529　81629530　81629531
	81629532　81629533　81629534
储运部电话	0431-86059116
编辑部电话	0431-81629380
印　　刷	吉林省创美堂印刷有限公司

书　　号	ISBN 978-7-5744-1066-4
定　　价	25.00元

◉ 基础科普
◉ 硬核图鉴
◉ 冷门知识
◉ 飞友联盟

扫码获取

目 录

F4F 战斗机

1940年初，F4F战斗机正式在美国海军服役，取代性能落后的F2A水牛战斗机。它坚固的结构和过硬的质量，使飞行员在危机中可以安然逃脱。虽然在1943年F4F战斗机被F6F战斗机取代其战场地位，但它继续在轻型航空母舰和护航航空母舰上服役，直到"二战"结束。

密闭式驾驶舱

飞行员驾驶舱为密闭式，位于机翼的中央，在机翼下方两侧各有一个观测窗。该机的密封式驾驶舱能有效地改善高空飞行时气压低、缺氧、气温低等问题，为飞行员提供良好的驾驶环境。

强劲的发动机

机翼上配备了6门口径五十毫米机关炮，并安装了强劲的1200千牛"惠特尼"R-1830-36空冷星形活塞发动机，该发动机是一种双排14缸星形气冷活塞式发动机，使其一经问世，便以卓越性能挑战零式飞机的制空权。

驾驶舱

驾驶舱

机首

螺旋桨

尾翼

机身

机翼

5

P-38 战斗机

    1936年，美国洛克希德公司研制，传奇人物凯利·约翰逊主持设计了一款具有双发动机的截击机。首飞成功后，被命名为P-38战斗机。由于P-38战斗机采用双尾撑布局，看起来好像是两个机身，被当时的轴心国军队称为"双身恶魔"。

双发动机的运作

　　P-38战斗机的两具发动机都是不可或缺的，起飞时如果一具发动机出了故障，另一具发动机就会使飞机往运作中的发动机一方滚转，即产生的扭矩太大，飞机会进入不对称滚转，然后坠向地面。

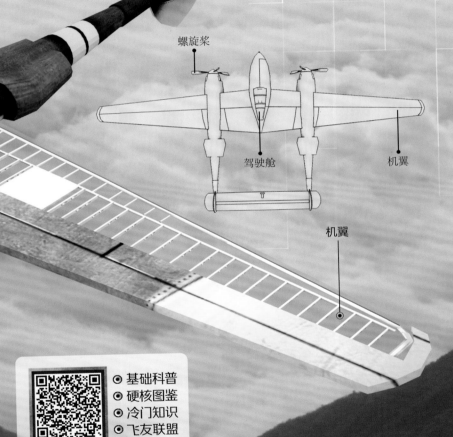

螺旋桨

驾驶舱

机翼

机翼

HE219 "猫头鹰"战斗机

　　HE219 "猫头鹰"战斗机（以下简称HE219），是第二次世界大战时德国空军优秀的夜间战斗机种之一。它是德军唯一在各方面都能抗衡英国 "蚊"式飞机的活塞式夜间战斗机。HE219具有速度快、操作灵活的特点，并具备毁灭性的火力配置，拥有许多当时的先进设备，堪称夜战神器。

双人驾驶舱

双人驾驶舱

"斜乐曲"系统

　　该系统由两门成 65 度斜角的"MK108"三十毫米口径机炮（每门配弹 100 发）组成，专门由下方射击英军轰炸机防御较弱的腹部，配合"里希施泰因 SN-2"机载雷达一起成为了英军轰炸机群的噩梦。它后来开始在 A5 系列上出现，到 A7 系列已经成为标准配置。

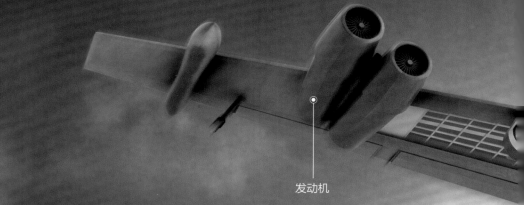

发动机

油箱布置

　　机内大量空间被用于放置油箱，为避免飞行中机身弯曲造成的渗漏，使用了软式燃料囊而非整体油箱，燃料配平由副驾驶手动完成。平整的弹仓天花板同时也是油箱地板，两侧设有加强筋以提高整体结构强度。

B-52 轰炸机

　　美国战后的重型战略轰炸机开发计划最早可以追溯至1945年6月，当时日本还在太平洋极力抵抗盟军的步步紧逼。美国航空装备司令部按照美国陆军、空军的要求，决定研制新一代战略轰炸机。根据美机在"二战"时期实战环境下存在的航程不足、前线机场依赖过高等问题，美国军方决定研发巡航速度更快、升限更高的战略轰炸机。随后研制了波音B-52亚声速远程战略轰炸机。

弹仓

机首

尾翼

机身

发动机

导弹

驾驶舱

TU-16 轰炸机

苏联于20世纪50年代开始研发喷射轰炸机，TU-16轰炸机是苏联图波列夫设计局研制的战略轰炸机，它于1952年4月27日首飞，1954年开始服役，标志着苏联进入了喷气战略轰炸机时代。

空调系统

亚声速中程轰炸机

最大平飞速度小于声速的飞机就是亚声速飞机。飞机做小迎角（机翼的前进方向和翼弦的夹角）飞行时，为减小阻力，会使翼面上的气流保持层流流动。在大迎角飞行时，则要求延迟气流的分离和防止失速。

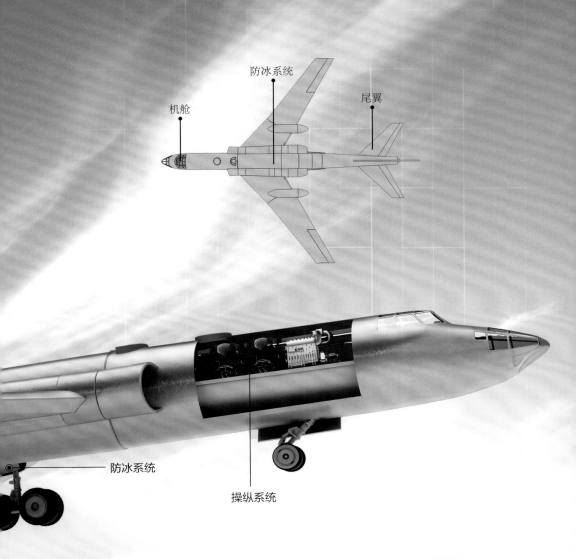

机舱

防冰系统

尾翼

防冰系统

操纵系统

武器炸弹仓

位于机身中段，正常载弹量3吨，最大载弹量9吨。采用水平投弹方式轰炸。海上作战时，可装载鱼雷或水雷。经过改装的TU-16可载单颗重量为2吨的遥控炸弹。机上装7门射速为每分钟1250～1350发的AM-23型机炮，1门前炮是固定的，上、下、尾部活动炮塔各有2门机炮，3座炮塔组成飞机后半球的防御火力。

C-130 大力神运输机

　　"二战"结束后，由于苏联和盟国间矛盾逐渐激化，苏联为向西方盟国施压，封锁了所有通往西柏林的陆上道路。C-130是美国50年代研制的中型多用途战术运输机，1951年开始研制，1956年12月装备美国空军。除在美国空军中大量装备外，还出口到50多个国家和地区。

驾驶舱

螺旋桨

发动机

上单翼

尾翼

上单翼

液压系统

尾部货舱门

  C-130 最大的特点是其设计非常适合执行各种空运任务，拥有大型的尾部货舱门，货舱门采用了上、下两片开启的设计，能在空中开闭；在空中舱门放下时是一个很好的货物空投平台，尤其是掠地平拉空投的时候，在地面又是一个很好的装卸坡道。各种 C-130 的货运型运输机都可以贴地投放 11 吨重的货物。

KC-135 空中加油机

　　战机在执行远程任务时，只有通过空中加油机及时供油，才能保证任务的顺利完成。KC-135是一种可以给多种性能的飞机加油的加油机。它在加油时排除了让受油机降低高度及速度的麻烦，既提高了加油安全性，也提高了受油机的任务效率，还可以同时给几架战斗机加油。KC-135空中加油机的最初设计主要是为美国空军的远程战略轰炸机进行空中加油，后来发展成为美国空军、海军、海军陆战队的各型战机进行空中加油。

⊟ 扫码获取

◉ 基础科普
◉ 硬核图鉴
◉ 冷门知识
◉ 飞友联盟

伸缩套管式空中加油系统

　　伸缩套管式加油方式，输油率很高，每分钟达975～1690升，由机外伸缩主管、伸缩套管和V型操纵舵组成。伸缩套管在加油时才从主管中伸出，并可在加油过程中根据受油机的相对位置伸缩调节。它采用伸缩套管式空中加油系统加油作业的调节距离为5.8米，可以在上下54度、横向30度的空间范围内活动。

货舱

涡轮式发动机

燃油舱

货舱
涡轮式发动机
油箱
燃油舱

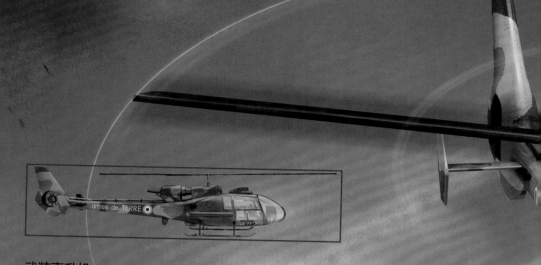

武装直升机

武装直升机是装有武器，为执行作战任务而研制的直升机。在直升机上加装武器开始于20世纪40年代，可分为专用型和多用型，武装直升机可执行多种任务：攻击坦克、支援登陆作战、掩护机降、火力支援、直升机空战等。因为它具有独特的性能，在局部战争中发挥着日益重要的作用。

小羚羊轻型直升机

20世纪60年代，法国提出轻型直升机的研制计划，并于1964年开始设计，该机采用"云雀"Ⅱ的传动系统、透博梅卡公司的"阿斯特"Ⅲ型发动机和德国伯科夫公司联合开发的旋翼。1967年，法、英两国签订生产协议，之后小羚羊轻型直升机出世。1967年4月7日，飞机首飞。该机以其非常优秀的飞行性能，被各国客户大量订购，广泛用于反坦克和交通监视等领域。

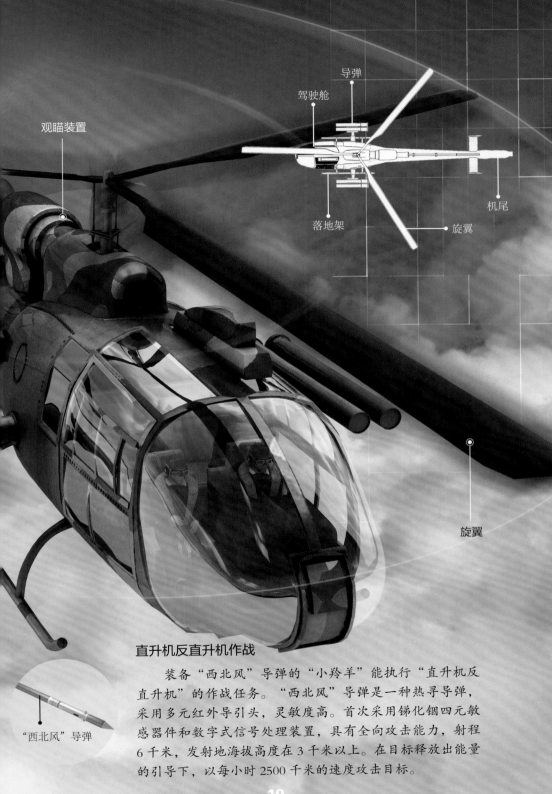

观瞄装置

导弹

驾驶舱

机尾

落地架

旋翼

旋翼

"西北风"导弹

直升机反直升机作战

　　装备"西北风"导弹的"小羚羊"能执行"直升机反直升机"的作战任务。"西北风"导弹是一种热寻导弹，采用多元红外导引头，灵敏度高。首次采用锑化铟四元敏感器件和数字式信号处理装置，具有全向攻击能力，射程6千米，发射地海拔高度在3千米以上。在目标释放出能量的引导下，以每小时2500千米的速度攻击目标。

坠毁事件

20世纪80年代，已经有两架 TU-22M 轰炸机因发动机故障坠毁。第一起事故发生在 20 世纪 80 年代中期，事故调查委员对外公布的事故原因是飞机误入雷雨云层导致飞机失控，真实的原因则是能源供应系统故障。

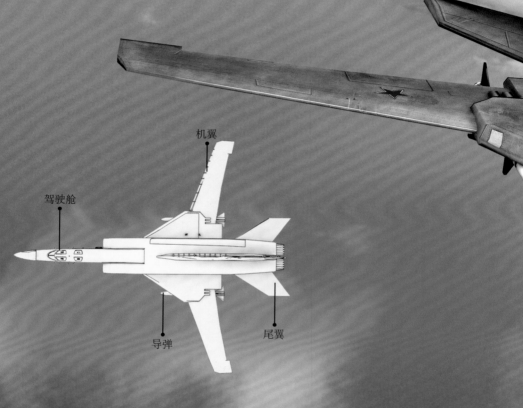

机翼

驾驶舱

导弹

尾翼

TU-22M 轰炸机

TU-22M 轰炸机具有核打击、常规打击及反舰能力，TU-22M 轰炸机于 1969 年 8 月 30 日首次试飞，试飞时被北约发现，接下来好几年却被北约误认为是 "TU-26" 轰炸机。

超声速突防

　　该机具有良好的低空突防性能，使其生存能力大大高于苏联以往的轰炸机。在执行任务时，离目标180～270千米时发射导弹，然后继续向前飞，以制导导弹飞向目标。若使用常规炸弹轰炸，则可以超声速接近目标，在目标上空以高亚声速进行水平投弹，再以超声速脱离，可做贴地飞行突防。

发动机

可变后掠翼

机身

起落架

Mi-24 武装直升机

　　该机是苏联米里设计局在Mi-8直升机的基础上研制的专用武装直升机，于20世纪60年代后期开始研制，1972年年底试飞并投产，曾经大量装备苏联部队，并出口至30个国家和地区。与美国的阿帕奇武装直升机相比，该直升机的电子技术略逊，不过强大的火力以及可携带步兵是该机的优势。尽管服役的时间较久，显得过于老旧，但其使用价值是备受肯定的。

驾驶舱

"死亡之轮"战术

  Mi-24武装直升机大规模行动通常采用4机甚至8机编队队形，常采用"死亡之轮"战术。直升机群先在目标上空周围盘旋以确定目标位置，然后不停地火力覆盖目标。接着直升机以梯形编队逼近目标并将机首对准目标，实施火力打击，头一轮打击后直升机迅速向各个方向散开，重磅炸弹以极短的时间间隔从各个方向落向目标。

旋翼

短翼 导弹 旋翼

油箱

驾驶舱

短翼

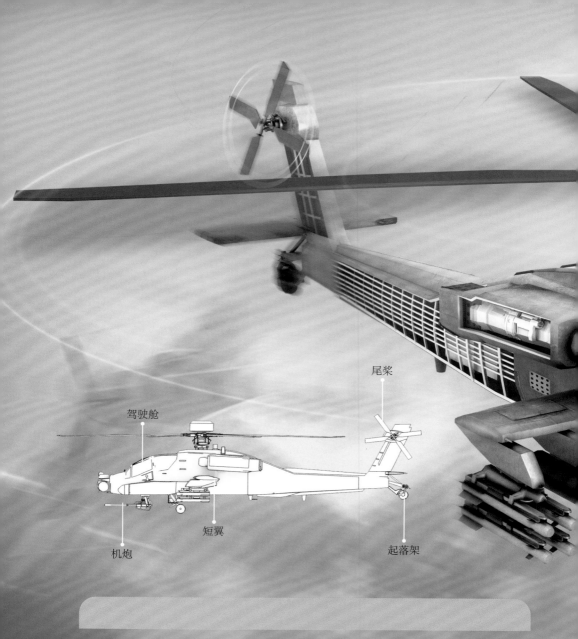

尾桨

驾驶舱

机炮

短翼

起落架

AH-64D 阿帕奇武装直升机

20世纪70年代初，美国陆军开展了先进武装直升机计划，阿帕奇武装直升机就诞生于此计划之后。该机以其卓越的性能、优异的实战表现，成为美国陆军主力武装直升机，已被世界上13个国家和地区使用。

特殊的平板设计

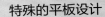

　　"阿帕奇"的驾驶舱本身由一块很厚的透明防弹板分隔成前、后两部分,副驾驶兼炮手位于前面,正驾驶位于后面。所有的驾驶舱玻璃都是平板设计,这种特殊形状主要是为了减少太阳光的反射,因为太阳光的反射会暴露出直升机的位置,从而被敌人发现。驾驶舱的装甲结构可以承受二十三毫米高爆弹的直接命中。

驾驶舱

黑盒子

航电舱

　　阿帕奇武装直升机拥有一流的观测系统,主要观测系统分为两部分:AN/ASQ-170目标获得系统及AN/AAQ-11飞行员夜视系统。激光测距与标定仪、前视红外线系统、炮手专用光学直接瞄准仪以及激光标定仪,都安装在一个双轴稳定系统旋转塔内,使飞行员在激烈战术运动中顺利瞄准目标。

25

德国福克战斗机

飞机这种有动力、可控制的飞行器问世10年后，第一次世界大战爆发，致使飞机随即投入战争的怀抱。但各国的统帅们也曾经产生过怀疑，这种飞行器真的能在空战中厮杀吗？然而，需求是发明的动力，战争的扩大促使飞机不得不加入这场混战。各种不同性能的战斗机在英、法、德等国被设计、制造出来。德国福克战斗机就是在这一时期诞生的，因为安装了"射击协调器"，成为当时优秀飞机的代表。

中单翼 ————

克服阻力的"外套"

德国用降低阻力的发动机外罩，使得发动机的冷却和阻力两大问题都获得适当的缓解。为满足输出马力需求上升的状况，液冷发动机从普遍的 V 型 12 汽缸提升为 X 型 24 汽缸，气冷发动机则由 1 排、2 排提升到 4 排汽缸的庞大架构。

机枪

中单翼

机身

机身

上翼

机枪

螺旋桨

下翼

滑行轮

双层机翼

斯帕德单座双翼战斗机

　　1914年，第一次世界大战爆发，飞机作为新式武器首次投入实战。当时法军使用的纽波特战机因为在速度和俯冲攻击这两方面表现不足，前线飞行员要求研制一种马力更足、重量更大的战斗机。于是斯帕德Ⅶ战斗机应运而生。斯帕德Ⅶ战斗机使用150马力的伊斯帕诺–絮扎V8发动机，在速度上要明显优于纽波特战斗机。虽然在机动性方面还存在着欠缺，但是斯帕德Ⅶ战斗机的平飞和俯冲速度深受前线飞行员的喜爱。

发动机

双翼面的应用

　　在飞机发展初期，发动机的功率不够，且重量大，导致飞机飞行不稳定，建造机体的材料大多是木材和蒙布。为解决升空问题，需要较大面积的机翼，以便在低速条件下产生足够的升力，因此就采用双翼面。双翼机顾名思义就是有两个翼面，机翼总面积较大，并且上下机翼用支柱和张线连成一个受力整体。双翼面会使飞机在飞行过程中

索普维斯骆驼战斗机

　　"一战"后期，英、法、德又不断推出性能更加优良的战斗机，其中最为著名的是英国的骆驼战斗机。它具有良好的机动性和强大的火力。骆驼战斗机是由英国索普维斯公司设计的，军用名称是索普维斯F.1双翼机，最大平飞速度为195千米每小时，升限为5800米。飞机发动机上部并列安装两挺机枪，并采用了射击协调器。由于机枪上方各有一个凸起的鼓包，如同两只驼峰，所以取名"骆驼"。

机枪

油箱

射击协调器

机枪

螺旋桨

螺旋桨

金属薄壳整流罩

整流罩

索普维斯"骆驼"战斗机配备普通的双层机翼，机首被罩上一副用来减阻的金属薄壳整流罩。这种整流罩透明如同玻璃，因其质量轻，在飞行过程中可以减少阻力。在其上面并列安装了两挺机枪，火力强大。

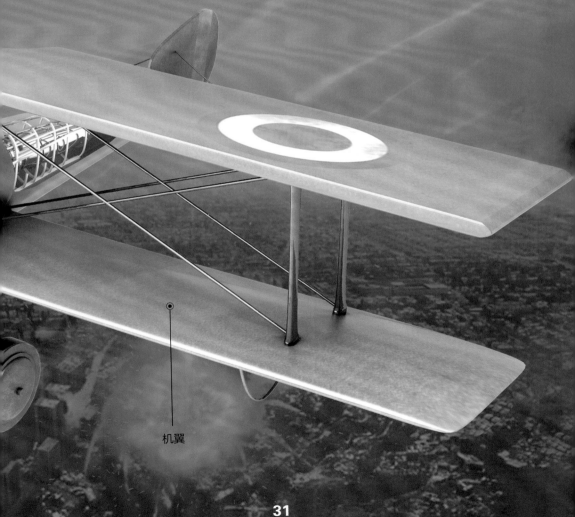

机翼

卡特琳娜水上飞机

　　"二战"期间有一种广泛应用于美、英及苏联航空兵的水上飞机，其卓越的战绩使得这种飞机成了历史上产量最大、用途最为广泛的水上飞机，这种飞机就是——卡特琳娜水上飞机（以下简称PBY）。英国空军在1940年11月接收首批PBY后不久，它就被广泛用于反潜、轰炸、侦察、运送等。

航空鱼雷

　　事实上所有PBY都能挂载标准航空鱼雷，但这需要在翼下的炸弹挂架上安装转换器，以挂载鱼雷及所有必要的发射装置。驾驶舱仪表板上方，安装了鱼雷指挥瞄准器，向飞行员提供瞄准信息及鱼雷释放按钮。

"黑猫"行动

　　1942年在西南太平洋用PBY实施了夜间搜索攻击，此战术被称为"黑猫"战术。在安装了雷达后，PBY被用于夜间袭扰性攻击。PBY白天装载大量燃油和弹药，在夜幕的掩护下悄然进入敌人控制的地区。

尾翼

机翼

螺旋桨

机舱

武器装备

螺旋桨发动机

24-P-11

33

角斗士战斗机

角斗士战斗机是"二战"中被使用的双翼机，在同时代战斗机中火力较强，它曾参加了截击德军轰炸机的行动。

螺旋桨

滑油散热器
驾驶舱盖

螺旋桨

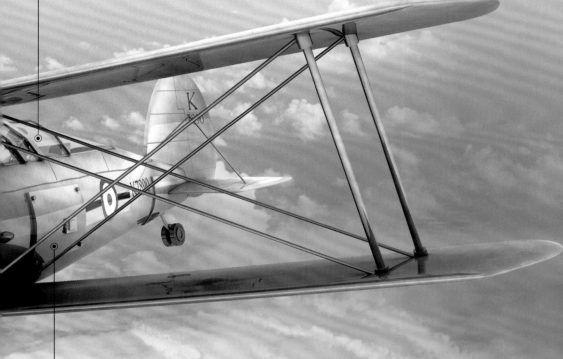

驾驶舱盖

滑油散热器

后三点式起落架

　　起落架是飞机下部用于起飞、降落和用于地面移动的附件装置。早期的飞机大都是采用后三点式起落架，起落架由两组主轮和一组尾轮支撑整个飞机，飞机重心位于主轮之后。在 20 世纪 40 年代以前曾被广泛使用，其最大优点是结构简单，落地时三组机轮可以同时触地。

零式战斗机

太平洋战场是"二战"时期反法西斯战争的重要战场之一，也是反法西斯战争的重要组成部分之一。在整个太平洋战场上，零式战斗机的踪迹随处可见，堪称日本海军在"二战"时最知名的战斗机。此款战斗机之所以把它取名为"零式"，是因为其生产日期为1940年，这一年为神武天皇继位的第2600年，而后两个数字刚好是"00"。零式战斗机代表第二次世界大战前日本航空工业的最高水平，是日本海军航空兵的王牌装备，也是第二次世界大战的太平洋战场上日本海军的主力战斗机。

九九式二号炮

早期零式战斗机的九九式二十毫米机炮的炮口初速低，导致有效射程短，贯穿力不足，弹道弯曲又散射。中后期的零式战斗机改为搭载提高初速的长炮管型九九式二号炮，弹药基数也经历了两次提升，飞行员们十分欢迎这项改变，但在零式战斗机上使用新款机炮射击时弹道发散的问题依旧严重。

驾驶舱

超级铝合金

尾翼

机翼

驾驶舱

螺旋桨

F4U 战斗机

　　提起海盗，我们会想到他们的残暴、凶恶，会厌恶其掠夺行径。只要他们瞄准了抢劫目标，就绝不会让其轻易逃脱。"二战"期间，有这样一款战斗机，它被称为F4U海盗式战斗机，是美国海军所研发的一种舰载与陆基战斗机，服役于第二次世界大战至朝鲜战争期间。它得名于如同海盗一样的霸道凶猛。据美国海军统计，F4U的击落比例为11∶1，即每击落11架敌机才有1架F4U被击落。

机翼

螺旋桨

　　F4U 战斗机配备一大型螺旋桨，3叶螺旋桨直径有13英尺4英寸（约合4.06米）。桨叶的剖面形状与机翼的剖面形状很相似，前桨面相当于机翼的上翼面，曲率较大，后桨面则相当于下翼面，曲率近乎于零，每支桨叶的前缘与发动机输出轴旋转方向一致，所以，飞机螺旋桨相当于竖直安装的机翼。

倒海鸥翼布局

　　飞机的机翼采用了倒海鸥翼的布局。首先，上段机翼与机身呈90度夹角，这种布局很好地呈现了中翼布局低阻的优点。其次，这种设计可以使用较短的起落架，而不像直翼战斗机那样需要长长的起落架。最后，作为一种舰载机，倒海鸥翼的设计使得机翼即便向上折叠后，也具有比较低矮的外形，可以省出航母机库顶部的空间。

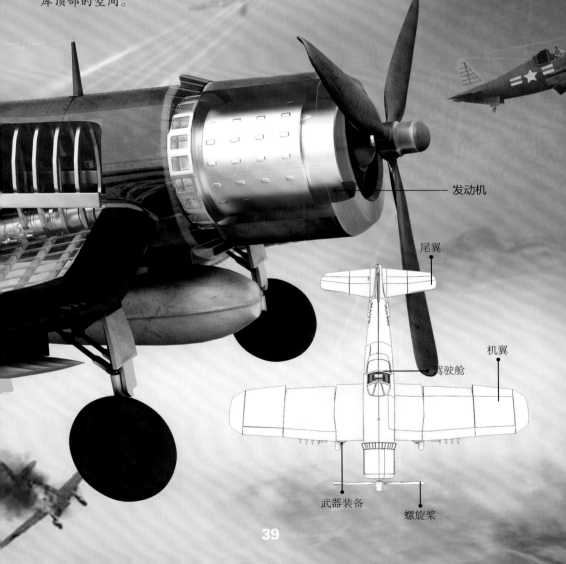

发动机

尾翼

机翼

驾驶舱

武器装备

螺旋桨

B-29 轰炸机

　　早在美国参加第二次世界大战以前，美国陆军航空队司令亨利·阿诺德便希望能够研发一种长距离战略轰炸机，B-29轰炸机（以下简称"B-29"）是美国波音公司设计生产的重型螺旋桨战略轰炸机，主要在美军服役。B-29是第二次世界大战以及朝鲜战争等亚洲战场的主力战略轰炸机，B-29不单是"二战"时各国空军中最大型的飞机，同时也是当时最先进的武器之一。日本广岛、长崎遭原子弹轰炸就是该机的"杰作"。

增压舱的使用

　　因为轰炸机需要在高空打开炸弹仓投弹，所以采用全增压直通舱是不切实际的，波音公司决定只在驾驶舱和机身中段有人员的部位进行气密增压，形成前后独立的增压舱，增压舱之间由通过炸弹仓上方的气密管道相连，机组可以通过管道达到另一个气密舱，这个设计被以后波音公司生产的所有的远程轰炸机设计所继承。

机舱

螺旋桨

马里亚纳群岛战场

　　美国陆军及海军陆战队在1944年占据马里亚纳群岛上的关岛、塞班岛及天宁岛，并开始在岛上修建机场，这些机场成为美军空袭日本的基地。1944年11月24日，岛上111架B-29轰炸机展开对日本本土日益猛烈的空袭，直至战争完结。

尾翼

机翼

机身

螺旋桨

驾驶舱

F-86 战斗机

　　"二战"结束后，两极格局形成，美国和苏联展开军备竞赛，展开对喷气式飞机的研制，由此产生了各自的第一代喷气式战斗机。美国第一代喷气式飞机的代表是"F-86"，于1945年5月开始设计，1949年5月开始装备部队。它是美国原北美航空公司研制的美国第一种后掠翼喷气式战斗机，也是"北约"及日本在20世纪50年代使用最多的战斗机，美国和其他一些国家共生产了11 400架左右。

优势之处

　　"F-86"与"米格-15"相较之下，最大水平空速较低，最大升限较低，中低空爬升速度较低，但其高速状态下操控性极佳、运动灵活，是一个稳定的射击平台，配合雷达瞄准仪，能在低空有效对抗来自苏联、东欧的"米格-15"。武器系统包括6挺勃朗宁M2HB12.7毫米重机枪。

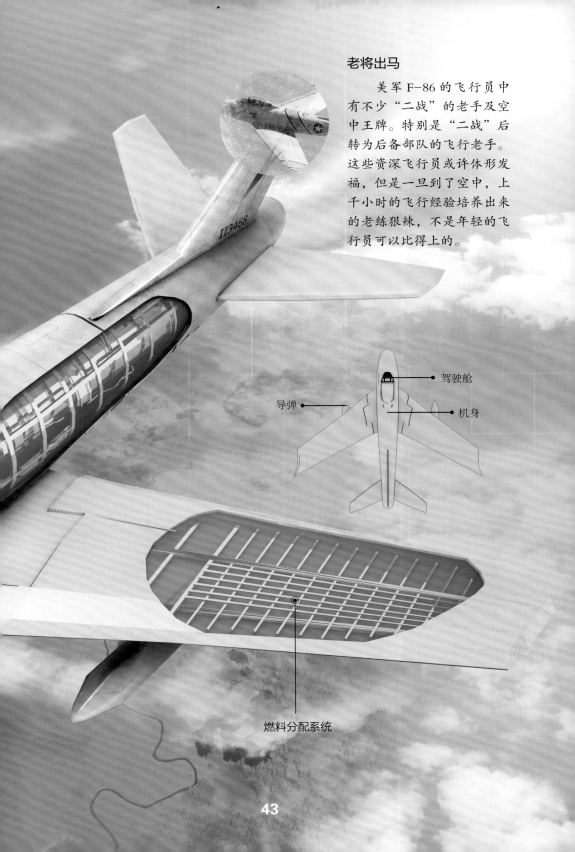

老将出马

　　美军 F-86 的飞行员中有不少"二战"的老手及空中王牌。特别是"二战"后转为后备部队的飞行老手。这些资深飞行员或许体形发福，但是一旦到了空中，上千小时的飞行经验培养出来的老练狠辣，不是年轻的飞行员可以比得上的。

113468

驾驶舱

导弹

机身

燃料分配系统

火神战略轰炸机

火神战略轰炸机是当时英国具有重要作用的轰炸机，于1947年开始研制，1952年8月第一架原型机首次试飞。火神战略轰炸机是英国空军装备的唯一一种战略轰炸机，也是世界上第一种进入实用的大型三角翼无尾飞机。

机翼

导弹

驾驶舱

雷达

雷达罩

胜利的轰炸

火神战略轰炸机可携带 21 枚
454 千克的减速炸弹，亦可带核弹。

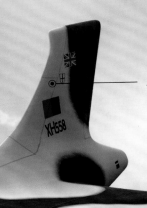

三角形中单翼

软式油箱

抬头显示系统

福肯战斗机

福肯（Falken）是出现在虚拟空战游戏中的战斗机，外形酷似沙罗曼蛇，机体本身的性能非常出众，其武器属激光射杀，具有持续伤害的能力。

隐身设计

该机采用隐身设计，从驾驶舱外部的棱角设计可认定。在尾翼方面该机采用压式布局前置水平尾翼，同时采用与水平方向30度夹角设计。垂直尾翼采用同样角度偏折，两者的设计一方面保证了高速状态下的低风阻系数，另一方面保证了整机的隐身效果。

激光器

机翼

机尾

驾驶舱

机首

幻影战斗机

20世纪50年代，以戴高乐将军为首的法国新政府提出幻影计划。幻影战斗机家族成员众多，包括"幻影3""幻影5""幻影2000""幻影4000"等著名的无尾三角翼战斗机。"幻影"系列战斗机凭借超高的性能和极高的性价比畅销世界各地。

复合材料

设计简便的三角翼

三角翼指平面形状呈三角形的机翼。三角翼的特点是后掠角大，结构简单，展弦比小。三角翼飞机在性能上存在不足，如起飞滑跑距离过长，着陆时速度过大，低空机动性能不好等。不过三角翼布局也存在常规布局所没有的优势，即设计制造简单，高速性能好，机翼内空间充足，可以容纳更多的燃油。

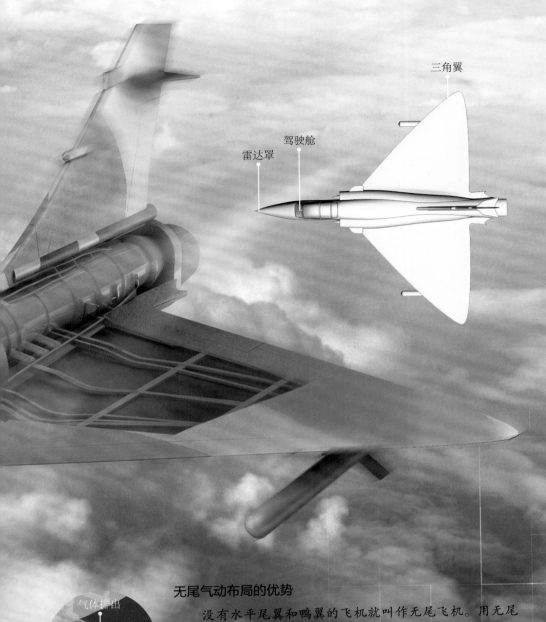

三角翼

驾驶舱

雷达罩

气体排出

无尾气动布局的优势

　　没有水平尾翼和鸭翼的飞机就叫作无尾飞机。用无尾三角翼气动布局以发挥三角翼超声速阻力小、结构重量轻、刚性好、大迎角时的抖振小、机翼荷载低和内部空间大，以及贮油多的优点。同时采用电传操纵、放宽静稳定度、复合材料等技术，弥补了它所带来的缺陷。

P-3C 猎户座反潜机

　　1957年8月，美国海军开始寻找"海王星"的替代机，为此发布了反潜战机设计草案。洛克希德公司采用"伊莱克特拉"涡轮螺旋桨客机原型，保留了它的机翼、尾部、动力系统、大部分机身设计和主要组件，设计出了P-3C猎户座反潜机。该机机身比"伊莱克特拉"短2.1米，有一个内置武器舱，放置航空电子设备。1959年11月，P-3C猎户座反潜机完整原型机首飞成功，此后被许多国家采用，主要用于海上巡逻、侦察和反潜作战。

机尾

　　该机有一个长长的，根如蜂刺般的尾巴，内部安装着一部磁探仪，磁探仪是反潜飞机区别于其他飞机的主要特征。由探头、检测控制器、放大器及电源等构成。针对潜艇自身的磁异常会引起地磁场扰动的特点，磁探仪可探测到潜艇信息，有助于发现海中潜伏的潜艇。

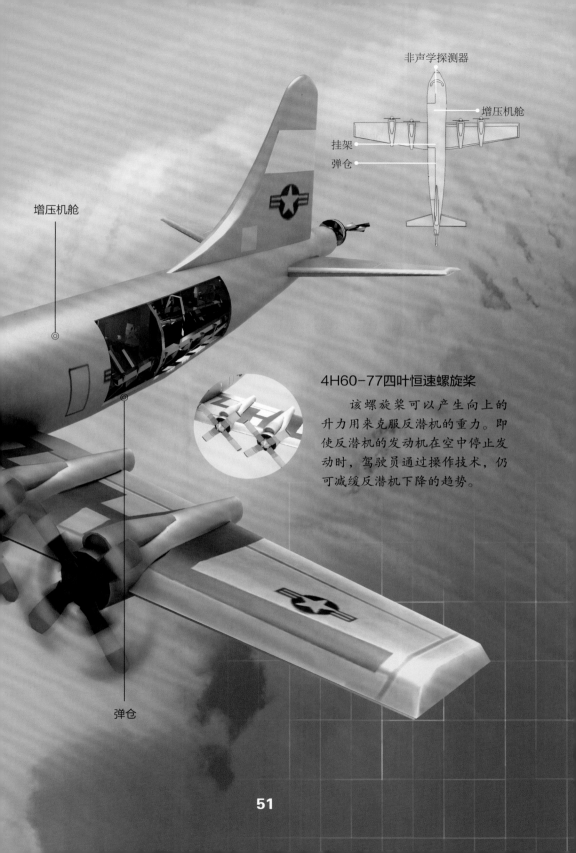

非声学探测器

增压机舱

挂架

弹仓

增压机舱

4H60-77四叶恒速螺旋桨

该螺旋桨可以产生向上的升力用来克服反潜机的重力。即使反潜机的发动机在空中停止发动时，驾驶员通过操作技术，仍可减缓反潜机下降的趋势。

弹仓

F-4 鬼怪战斗机

朝鲜战争结束后，美国的空战理论和战斗机装备技术飞速发展。1959年7月3日，F4H-1在圣路易斯麦克唐纳工厂的一个仪式上按公司传统被正式命名为F-4鬼怪战斗机，并于1963年11月开始进入美国空军服役。

前缘襟翼

位于机翼前缘的襟翼叫前缘襟翼（襟翼特指现代机翼边缘部分的一种翼面形可动装置，襟翼可装在机翼后缘或前缘）。这种襟翼在飞机低速飞行时襟翼向下偏转，提高升力。前缘襟翼具有吹气装置，从发动机压气机中引出高压空气向后吹出，使机翼上表面气流在高攻角的状况下不分离。大迎角飞行时，机翼表现前缘的气流分离也增大了翼切面的弯度，延缓气流分离，提高了最大升力系数和临界迎角。

机翼

尾翼

机首　驾驶舱

外部挂架

　　该机机身下前后成对排列 4 个半埋式"麻雀"空对空导弹挂架，每个可挂 1 枚"麻雀"导弹，后一对挂架可各挂 2 枚"响尾蛇"空对空导弹。机身下中间挂架可吊挂核武器、炮仓、副油箱。机翼下内侧挂架可以挂 1 枚"麻雀"导弹。"鬼怪"携带武器的多样性对其执行对地攻击任务极为有利。

CH-47 运输直升机

　　你是否对可垂直起降的飞机具有浓厚的兴趣？CH-47运输直升机就是符合此条件的另类直升机。无论是载重量还是飞行速度，它无一落后。该机型于1958年研制，于1963年开始投入使用，目前，仍在进行现代化改装。其双旋翼纵列式结构剔除了一般直升机的尾部垂直螺旋桨，允许机体垂直起降，其主要任务是部队运输、火炮调遣与战场补给。此外，它还被外销至16个国家，最大的消费者是美军和英国皇家空军。

双螺旋桨与单螺旋桨的区别

　　单螺旋桨需要在飞机尾部加装稳定装置，如果尾部被打掉，就会失去控制，直到坠毁。双螺旋桨则不需要，即使尾部被打掉，也可以保持平衡，而且双螺旋桨可以提供更大的垂直升力。

武器配备

　　CH-47运输直升机具有一定的抗毁伤能力，其玻璃钢桨叶即使被23毫米穿甲燃烧弹和高爆燃烧弹射中后，仍能安全返回基地。机载武器采用两支安装在侧门上的M60D7.62毫米口径机枪和一支安装在尾门跳板上的M60D机枪。其货舱能够装载45名全副武装的士兵，或10吨货物，或155毫米榴弹炮，或小型汽车。

螺旋桨

机尾

机身

驾驶舱

螺旋桨

串列双桨

AH-1W 眼镜蛇直升机

　　冷战结束后，美国陆军根据越南战场上的实际需要，急需一种高速的重装甲、重火力武装直升机，为运兵直升机提供沿途护航或为步兵预先提供空中压制火力。AH-1W眼镜蛇直升机应运而生，它是世界上第一种专用武装直升机，也是当时世界上第一种反坦克直升机。由于其飞行与作战性能好，火力强，被许多国家采用，几经改型，经久不衰。

增大桨叶的功角时	上升	升力（升力＞重力）／重力
当桨叶的攻角处于一定值时	水平飞行	升力（升力＞重力）／重力
减小桨叶的功角时	下降	升力（升力＞重力）／重力

单螺旋桨的起飞原理

　　单螺旋桨飞机的原理是主螺旋桨高速旋转，产生升力，当升力大于重力时飞机就可以起飞了。但如果没有副螺旋桨，整个机体也会跟着旋转起来，保持不了平衡，尾翼的螺旋桨产生的风刚好把机体旋转的力中和，帮助飞机保持平衡。

螺旋桨

驾驶舱

单旋翼

尾翼

导弹

落地架

地狱火导弹

"眼镜蛇"的武器装备

　　该机武器装备齐全，机首下方装有通用电气公司的电动炮塔，炮塔内装 20 毫米 3 管式 M197 机炮。750 发炮弹箱直接放在炮塔后面的机身内。短翼下 4 个外挂点可挂不同武器，包括 LAU-68B/A 或 LAU-67A（7 管）70 毫米火箭发射器。机翼下面总共可挂 8 枚"陶"式导弹或 8 枚 AGM-114"海尔法"导弹，2 枚 AIM-9L"响尾蛇"导弹。

E-3 望楼预警机

　　1963年，美国空军防空司令部和战术空军司令部提出对空中警戒和控制系统的要求，以波音707为基础制造了三架原型机，这就是E-3"望楼"预警机的前身。1975年，第一架原型机试飞。1977年，第一架生产型E-3望楼预警机交付使用。

扫码获取
- 基础科普
- 硬核图鉴
- 冷门知识
- 飞友联盟

通信系统

雷达天线罩

　　美国 E-3 "望楼" 预警机机身上方安装有一个圆形雷达天线罩。该雷达罩直径 9.1 米，厚度 1.8 米，用两个支柱支撑在离机身 3.3 米高处。内部安装有雷达天线系统，能够对大气层、地面、水面进行监视。雷达工作时，旋转天线罩由液压驱动，每分钟 6 转；雷达不工作时，每分钟 1/4 转，以保持轴承的润滑。

通信系统

雷达天线罩

59

机翼

EF-111A 电子对抗机

　　20世纪70年代，美国格鲁门公司在通用动力公司F-111A战斗机的基础上开始研制变后掠翼专用电子对抗飞机，该机主要执行远距离干扰、突防护航和近距支援任务。1977年3月，第一架原型机首次试飞，命名为EF-111A。生产型于1981年10月开始交付美国空军使用，美国空军共订购了42架，装备了两个中队。1991年的海湾战争中，EF-111A作为美国空军的主要电子战飞机发挥了很大的作用。

AN/ALQ-99 干扰系统

　　该系统的激励器、天线和其他设备安装在弹仓内的一个托架上，其他组件安装在机腹 4.88 米长的独木舟形天线罩内，垂尾顶部短舱内容纳了电子对抗接收机。该机的自卫子系统包括一部干扰系统和一个干扰物投放装置。该机还安装了一套包括红外和电子对抗接收机在内的威胁接近警报子系统。

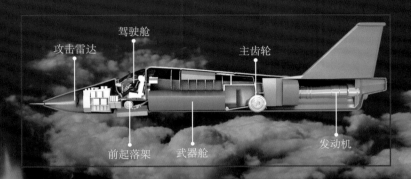

攻击雷达　　　驾驶舱　　　　　　　　　　主齿轮

前起落架　　武器舱　　　　　　　　　　发动机

电子干扰系统

海湾"三剑客"

　　在海湾战争中，EF-111A、EA-6B 与 F-4G 三种电子战机一起组成联合编队，近距离压制地面防空火力的制导、瞄准系统和通信指挥控制系统，极为出色地完成了任务而一举成名。十几年过去，昔日驰骋疆场的三剑客中 EF-111A 与 F-4G 均已解甲归田，EA-6B 承担起了美国海军所有随队电子支援的重任。

F-117A 隐身攻击机

计算机的发展使得隐形飞机的研究日趋成熟。F-117A立项于1973年，是由美国研制的隐身攻击机，也是世界上第一种可正式作战的隐身战斗机。F-117A服役后一直处于保密状态，1989年4月，F-117A在内华达州的内利斯空军基地公开面世，吸引了数万名观众观看。该飞机在1991年的海湾战争中发挥了极大的作用。

外形独特

为达隐身目的，F-117A战机外形上取消了机身与机翼、水平尾翼与垂直尾翼、飞机机身与发动机悬挂舱及武器舱等设计，而采用由多个小平面构成的多面体结构，大多数表面与垂直面的夹角大于30度，以使从高空射来的雷达波经反射后向下偏转，使地面射来的雷达波经反射后向上偏转，使对方侦察雷达不易接收到反射波。

机舱

后掠翼

后掠翼

机翼

隐身系统是真的隐身吗？

　　F-117A 是美国空军第一种隐身多功能战斗机。一般人们都认为隐身就是看不见了，这是一种错误的理解，所谓的隐身飞机不是起飞后就看不见了，而是在雷达荧光屏上找不到它们罢了。F-117A 也是如此，整个飞机外部涂有吸波材料，使得雷达反射波集中在水平面的几个波束内，从而达到隐身目的。

F-16 战斗机

从越南战争的实战效果来看，美国的第二代战斗机研制并不成功，所以美国从20世纪60年代中后期开始考虑研制第三代战斗机。1972年4月，美国空军选定通用动力公司的401和诺斯罗普公司的P-600两个方案，并签订合同要求两家公司各制造两架原型机，进行试飞竞争，最后通用动力公司401方案研制的军用编号为F-16的战斗机胜出。

机炮

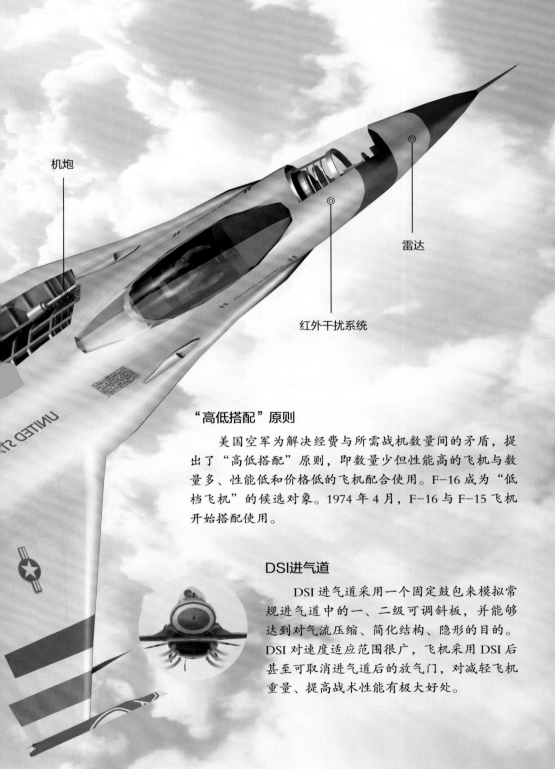

机炮

雷达

红外干扰系统

"高低搭配"原则

美国空军为解决经费与所需战机数量间的矛盾，提出了"高低搭配"原则，即数量少但性能高的飞机与数量多、性能低和价格低的飞机配合使用。F-16 成为"低档飞机"的候选对象。1974 年 4 月，F-16 与 F-15 飞机开始搭配使用。

DSI进气道

DSI 进气道采用一个固定鼓包来模拟常规进气道中的一、二级可调斜板，并能够达到对气流压缩、简化结构、隐形的目的。DSI 对速度适应范围很广，飞机采用 DSI 后甚至可取消进气道后的放气门，对减轻飞机重量、提高战术性能有极大好处。

米格-29 战斗机

  1969年，苏联实施了两个计划：重型先进战术战斗机计划和轻型先进战术战斗机计划。轻型战机的计划交由米高扬飞机设计局。20世纪70年代，苏联米高扬和格列维奇设计局推出了第三代超声速战斗机——米格-29战斗机。该机于1977年首次试飞，1985年初投入使用，是轻中型双发、前线空中优势战斗机，也是苏联第一种从设计思想上就定义为第四代战斗机的机型，除苏联外超过30多个国家使用。

RD-33发动机的应用

  RD-33 涡扇发动机由克里莫夫设计局研制，双轴，低涵道比。单台推力 50 千牛，加力推力 81.4 千牛。发动机工作稳定，可在飞行包线内任一点空中再启动、接通加力。RD-33 高空高速特性突出，性能与 F-16A/B 装备的 F100-PW-100 发动机是同一水平。

舱罩 ————

导弹　　机翼

尾翼

雷达　　驾驶舱

机翼

机身设计

米格－29战斗机机身结构主要为铝合金，部分机身加强隔框使用了钛材料，以适应特定的强度和温度要求，另外，少量采用了铝锂合金部件。机身有四条纵向主梁，两条位于发动机之间，另两条分别在发动机外侧。靠外的两条主梁向后延伸出机身范围，作为平尾的安装支撑点。米格－29战斗机上采用的复合材料少于西方第三代战斗机

Mi-26 军用运输直升机

20世纪70年代初期，苏联研发的Mi-12直升机应用非常不理想，于是开始研制重型直升机，Mi-26直升机因此诞生。这款新机型的设计方案要求飞机自身重量必须小于起飞重量的一半，是当今世界上最重的直升机。原型机于1977年12月14日首次试飞。1981年6月，Mi-26直升机的预生产型在第34届法国巴黎航空展览会上首次公开展出并获成功，1986年6月开始出口印度。

世界最大的驾驶舱

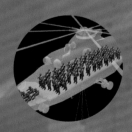

Mi-26直升机体积庞大，驾驶复杂。早期生产的机型，完成飞行任务需要5人协同配合，2名驾驶员、1名飞机工程师、1名领航员和1名理货员，因此，它的驾驶舱也是世界上最大的直升机驾驶舱。该机的驾驶舱至少能容纳5人，此外剩余的空间还能装载各种货物、食物、生活用品等。

起落架

旋翼

旋翼

减速器

尾桨

驾驶舱

起落架

尾桨的作用

　　直升机尾桨的结构和旋翼类似，位于直升机尾梁上，用于平衡直升机旋翼反作用力矩，保证直升机方向操纵性和稳定性。该机尾桨安装在垂直尾面右侧，每片桨叶由一根管状钢质桨叶大梁和玻璃钢翼型段件组成。水平尾面位于垂直尾面与尾梁的交接处。飞行中平尾固定不变，但可在地面上调整，以适应最佳巡航状态。

TU-95 轰炸机

  冷战时期，以苏联为首的华约组织研制了一批威力凶猛的战斗机，北约组织给这些战斗机起了各种绰号，包括"獾""熊"等。其中TU-95被命名为"熊"轰炸机。TU-95的研发始于20世纪50年代，首批生产型于1956年开始交付使用，可以执行电子侦察、照相侦察、海上巡逻反潜和通信中继等任务。它采用独特的后掠机翼以及独特的发动机布局，使得性能极大增强。从第一架原型机试飞至今，TU-95已走过了60年的历史，可谓名副其实的"长寿马车"。

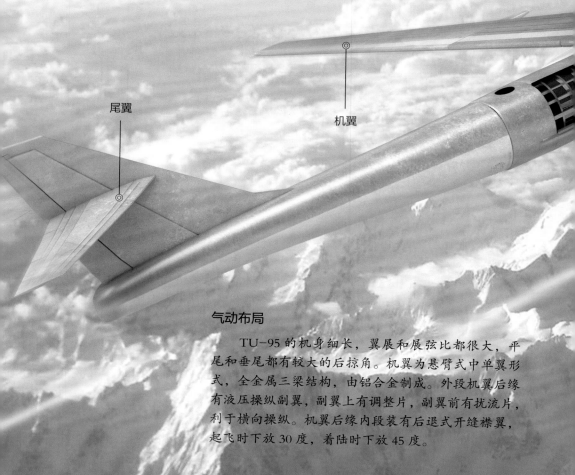

尾翼

机翼

气动布局

  TU-95 的机身细长，翼展和展弦比都很大，平尾和垂尾都有较大的后掠角。机翼为悬臂式中单翼形式，全金属三梁结构，由铝合金制成。外段机翼后缘有液压操纵副翼，副翼上有调整片，副翼前有扰流片，利于横向操纵。机翼后缘内段装有后退式开缝襟翼，起飞时下放 30 度，着陆时下放 45 度。

尾翼

机翼

导弹

导弹

驾驶舱

威力巨大的沙皇炸弹

　　1961 年 10 月 30 日早上 11 时 32 分，前苏联试爆了第一颗全世界有史以来最大的核武器"沙皇炸弹"。该核弹威力相当于 5000 万吨 TNT 当量，爆炸后的蕈状云高达 60 千米，比珠穆朗玛峰还高 7 倍多；爆炸的热源连在 100 千米以外的人体都会受到 3 级烧伤。这一枚"沙皇炸弹"还加装一副重达 800 千克的减速伞，以延迟炸弹释放坠落后的时间与速度。

驾驶舱

武器装备

F-5号称是低档战斗机，但它的机动性能相对同时代战斗机来说并无多少逊色。该机的2门20毫米M39A2型机炮配备在机翼两边边缘处，机头下垂，扁长。7个外挂点，可挂载2枚"响尾蛇"空空导弹和各种空地导弹，激光制导炸弹及各类常规炸弹，此外翼下和机身下还可以吊挂3175吨的炸弹。

"响尾蛇"导弹

F-5 战斗机

人们常常拿F-5与其竞争对手米格（以下简称MIG）-21作比较，其实它们各有千秋，不过F-5的综合性能比MIG-21强。F-5战斗机是美国诺斯罗普公司研制的轻型战术战斗机，其盘旋性能非常好。它诞生于20世纪70年代，在军火交易中，它与法国幻影家族、苏联MIG-21形成三足鼎立的格局，具有使用维护方便、能在野战机场起飞着陆、造价低等优势，在问世后的10年内，被销售至全球21个国家和地区。

雷达

驾驶舱

导弹

机尾

尾翼

A-6 攻击机

　　美军在朝鲜战争中深受朝鲜半岛寒带恶劣天气的影响，面临群机停飞窘境。战争结束后，美军决定研制全天候战机，A-6就是在这一背景下推出的。此机具备强大的环境适应能力，足以满足自赤道非洲至极地间全域地带作战的需要，尤以担任夜间或恶劣天气下的奇袭任务而著称。1958年9月，A-6开始初始设计和风洞试验，并于1960年4月19日首飞成功。1963年7月，A-6A正式进入美国海军服役。

可折叠的机翼

　　该机在舰上停放时机翼可折叠，以减小占用面积。可折叠机翼由两个翼段组成，均可独立旋转。可描述为由内、外翼旋转成一定角度后的机翼外形。大幅折叠机翼的A-6，翼展从16米变成7.7米，节省很多空间。自带登机梯，涂成醒目的红色，折起后收藏于驾驶舱下方的进气道，两边各有一个。

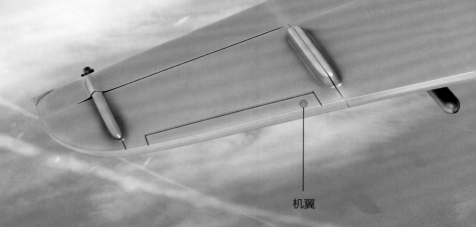

机翼

美国的耻辱

  1967 年 8 月，2 架美海军 A-6A 型攻击机从友谊关以东的隘店附近侵入广西东兴地区上空。美机刚入境，预先起飞警戒的空军第 18 师立即迎击。中队长韩瑞阶、副中队长陈丰霞先后各击落美机 1 架。美机分别坠毁于东兴县、宁明县境内。美军飞行员 3 名毙命，1 名被俘。

机翼

驾驶舱

起落架

机身

机身

驾驶舱

SR-71 侦察机

早在A-12研制计划开始的同时，"臭鼬工厂"向美国空军提出以A-12为原型的改进计划。该计划得到了美国空军的认可，美国空军也给予了大力的支持。1964年12月22日，在内华达州的"死湖"空军试验基地中，一架漆黑的大型飞机缓缓起飞。短短的几分钟，该飞机就到达了两万米的高空。这架黑色的飞机就是后来赫赫有名、并创下了多项世界纪录的SR-71"黑鸟"高空侦察机。

涡轮喷气发动机

SR-71采用双座双发动机涡轮喷气式，特点是完全依赖燃气流产生推力。该发动机从大气中吸进空气，经压缩和加热这一过程之后，得到能量和动量的空气以高达609.6米每秒的速度从推进喷管中排出。在高速喷气流喷出发动机时，同时带动压气机和涡轮继续旋转，维持"工作循环"。

机身

气动外形

机身

气动外形

驾驶舱

侦察照相机

A-10 攻击机

　　A-10攻击机于20世纪70年代设计，至1974年年底，A-10被批准投入生产，1975年开始装备空军。该机是美国空军现役唯一一种专门提供对地面部队的密切支援任务的机种。在多数人的眼中，A-10显得很笨拙、很落伍，可是它的优良性能并没有因为技术的进步与发展而被掩盖。这也印证了"没有最先进，只有更适合"的武器设计思想。

- ◉ 基础科普
- ◉ 硬核图鉴
- ◉ 冷门知识
- ◉ 飞友联盟

⊟ 扫码获取

操纵系统

操纵系统

机身

尾吊发动机

垂直尾翼

机身

垂直尾翼

"智能"油箱

　　为防止油箱被炮火命中，A-10将油箱置于机身内，油箱为橡胶泡棉自动闭锁式，中弹后会自动封闭，防止油料外漏；输油管只有一小截暴露在发动机与油箱之间，并在机体上部，油箱中弹后油管也会自动封闭，避免油料流入受损油箱。紧急时可关闭主油箱，使用两个发动机之间的小油箱继续飞行。